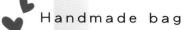

Handmade bag

超實用的
機縫提包小物

簡單×實用×原寸紙型

Contents

目 次

Handmade bag

01 貝殼短夾

貝殼造型十分圓潤可愛，無論是玫瑰圖案或是白色點
點，都非常討喜！

● How to make ⋯ P.50

Shell shape coin case

雙拉鍊夾層、三隔間極為實
用，讓零錢、票券或卡片都
能輕鬆收納！

O2 時尚長夾

拉鍊長夾因為收納方便深受許多人喜愛，現在就選擇適合的配布來製作吧！

Handmade wallets

冂字形設計使拉鍊的使用更為方便，也增加了長夾的安全性！

長夾內部有卡片夾層與拉鍊袋,使鈔
票、收據或零錢變得井然有序。

● How to make … P.54

● How to make … P.58

Handmade

Zipper pouch

♥ Handmade bag

03 萬用收納包

外型小巧可愛的萬用包，除了可收納零錢外，也可依照
個人需求變更尺寸成為萬用收納包。

O4 兩用收納包

可以收納卡片、票券或零錢,也可收納手機,適合
輕裝出門時攜帶使用。

Handmade zipper bags

● How to make ⋯ P.61

05 識別證件卡套

日常生活中，我們時常需要隨身攜帶電子票券或識別證件，如果能為它們製作一個漂亮的保護套，不但實用而且又賞心悅目！

● How to make … P.64

Handmade card case

使用透明軟布,使識別證件或電子票卡能夠一目瞭然,也可扣接
長背帶隨身配戴!

Handmade lunch bags

♥ Handmade bag

06 實用便當袋

大膽使用亮麗格子布，擺脫一陳不變的款式，立刻讓平凡
的便當袋為時尚代言！

從側面可看出便當袋
的深度，以及外打角
的袋底設計。

● How to make … P.67

15

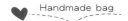

07 筆袋、萬用包

學會筆袋的袋形與配布變化之後,你也可以嘗試製作出
符合需求的筆袋、工具包或萬用包。

筆袋做法簡單且實用度極高,是手作族們一定要
學會的包款。

My pencil case ......

● How to make ⋯ P.70

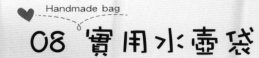

08 實用水壺袋

方形袋底搭配便利束口繩與防潑水內袋,更顯實用,現在就為水壺或保溫瓶製作一個收納袋吧!

● How to make … P.74

Handmade kettle bag

依照書中的計算方
式，可以為不同尺寸
的水壺製作出合身的
收納袋！

09 外出斜背包

此款斜背包極為輕便,雖然看來非常小巧,但三角形側身無形間增加了容量,使內部空間隨之增大許多!

Crossbody bag

前面有分隔口袋，後面
則有卡片收納袋，且袋
身加上拉鍊，提高了安
全度，並保護了隱私。

● How to make … P.78

Handmade bag

10 三層上班包

特殊的三層設計，使置物收納更加方便，其大容量袋
身，適合上班族與學生攜帶！

Handmade tote bag

● How to make ⋯ P.81

Handmade
Message bag

淺灰色輕量帆布散發出優雅氣質,而書包造型更
展現了青春風貌,是人氣頗高的包款!

11 帆布郵差包

前有取物方便的雙格口袋，內有易於收納的拉鍊夾層和貼
式口袋，再加上附有磁釦的袋蓋與可調式揹帶，是一款人
見人愛的郵差包！

● How to make … P.86

12 雙層信封包

以信封為概念製作而成的包款,為一款雙層包,造型簡

單、攜帶方便,是非常具有特色的包款!

● How to make … P.92

Envelope clutch bag

Handmade bag

13 輕巧外幣包

此包款極為輕薄、精巧，可隨身攜帶，適合
喜歡四處旅行的你！

Four zippers bag

簡單輕巧的扁狀袋身加上前後共四個拉鍊口袋，不但可放置錢幣，也可收納鈔票，中間夾層更可放入地圖、小型記事本或護照喔！

● How to make … P.96

14 旅行隨身包

看似扁包的隨身包,內裝卻有著以風琴褶表現的多層次收
納性,讓旅人們輕裝出門,盡情享受悠閒時光!

Handmade pocket bag

● How to make ⋯ P.98

15 休閒外出包

使用帆船厚棉布與紅色帆布拼接袋身，展現出悠閒氣息，

讓人期待嶄新的旅程！

● How to make … P.102

前後袋身不同的拼接
表現，側邊則以皮片
固定扣接，外型簡約
且具時尚感！

Handmade crossbody bag

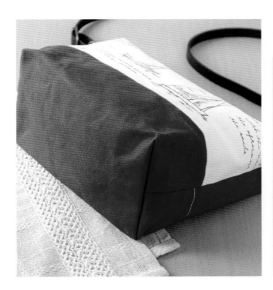

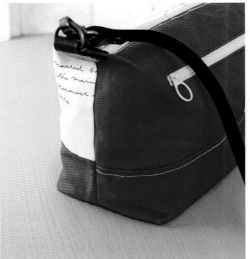

16 秒收化妝包

女孩們的保養品琳琅滿目，此款化妝包以快速打包為訴
求，秒速收納所有瓶瓶罐罐。

● How to make … P.105

Handmade cosmetics bag

除了便利的束口繩外，內部還有分類用的鬆緊口袋，袋底則採用
圓形設計，大幅增加了置物容量！

17 時尚後揹包 A款

袋身略呈梯形，展現出低調簡約風格，藍底英文
數字圖案布的表袋強化了此包款輕快的休閒感。

● How to make … P.108

❤ 紙型說明

書末附有實物大(原寸)紙型,共分A、B兩面,各作品所在頁面如下。

A面	1、2、4、5、10、17
B面	11、12、14、16

❤ 紙型標示記號

▬·▬·▬·▬·▬	山線	▬ ▬ ▬ ▬	摺雙線
··············	谷線	·· ·· ·· ··	位置線
▬ ▬ ▬ ▬ ▬	褶線	←────→	指示線
▬·▬·▬·▬·▬	縫線	△ ○	合印標示
▬▬▬▬▬	製圖線	|	中心記號

❤ 範例說明

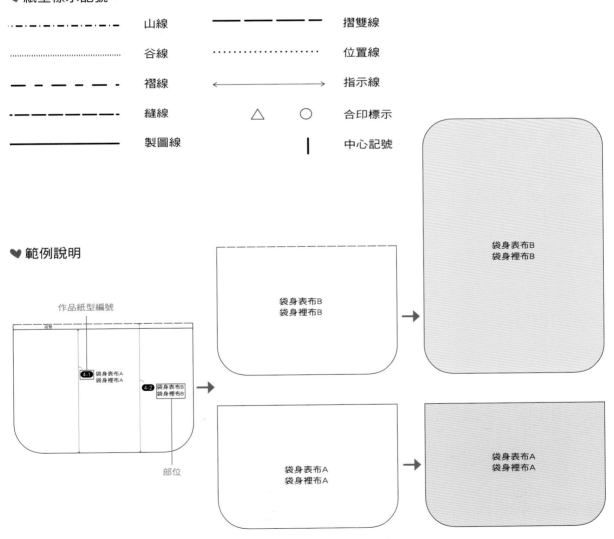

作品紙型編號

4-1 袋身表布A
袋身裡布A

4-2 袋身表布B
袋身裡布B

部位

袋身表布B
袋身裡布B

袋身表布A
袋身裡布A

袋身表布B
袋身裡布B

袋身表布A
袋身裡布A

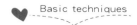
基本製作

　　本單元特針對製作布包所須具備的基本技巧，如布襯與鋪棉、口袋的製作及五
金配件安裝方式，以簡明的圖解方式教導讀者，是製作前必學的技巧。

⊞ 對針縫

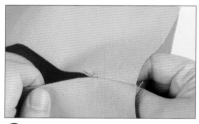

1 將針自布的反面向外拉出，使結留在布的反面。

2 於出針處往另一接合布的對等位置入針，並將針平行推出來。

3 再於對面平行推針，並將其拉緊，如此反覆步驟2～3即可。

⊞ 布襯與鋪棉

　　鋪棉可分為無膠、單膠及雙膠，本書所使用之棉皆為單膠鋪棉，而布襯分為厚
布襯及薄布襯，主要是增加布的厚挺度，應由布之厚薄程度來決定需要之布襯。

`布襯`

1 燙襯前可於布上先噴點水。

2 放好布襯後（有膠的那面朝著布的背面），上面放張紙或布。

3 將熨斗調至高溫（無蒸氣），隔著紙或布，先於中間按壓後，再依序向二側按壓，最後於布的正面再整燙一次。

`鋪棉`

1 將布整燙後放好鋪棉（有膠的那面朝著布的背面）。

2 翻至正面將熨斗調至高溫，（避免使用蒸氣），以按壓方式，於中間按壓後，再依序向二側按壓。

⊕ 三摺製作法

1 準備一塊布。

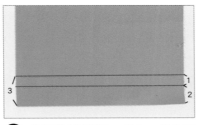

2 分別於距布邊2cm及3cm處各畫一道線。

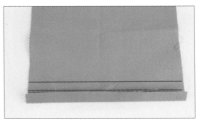

3 先將布向內摺，使邊緣對齊第一條線。

4 再對摺至第二條線。

5 如圖車縫即可。

⊕ 四摺製作法（提帶或掛耳）

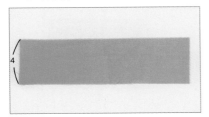

1 先裁切出寬4cm的布條。（如果要製作寬1cm的掛耳，則實際要裁切的寬度為4cm的布。）

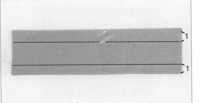

2 距上下緣1cm處各畫一條線。

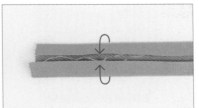

3 將布四等分，並由二側向內燙1cm。

4 再對摺一次。

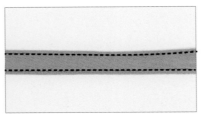

5 最後於二側各車縫一道線即完成。

⊞ 一字拉鍊口袋

1 將一字拉鍊口袋布以正面對正面的方式車縫固定於表布或裡布上。

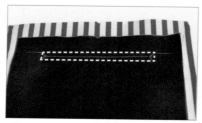

2 先畫一個1cm×(拉鍊長+0.5cm)之矩形,並如圖畫一雙Y開口,再車縫矩形一圈。

3 以拆線器割開雙Y開口。

4 將拉鍊口袋布自拉鍊開口翻至另一邊。

5 從另一邊拉出的樣子。

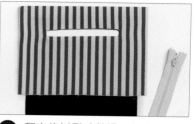

6 翻出後以熨斗整燙,並準備好拉鍊。

7 把拉鍊固定於矩形上並車縫一圈。

8 翻至背面。

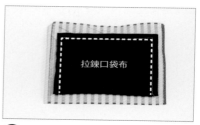

9 將拉鍊口袋布對摺,並做ㄇ字狀車縫即完成。

⊕ 貼式口袋

1 將口袋布正面相對，如圖使一邊比另一邊多0.5cm摺好，車縫兩邊。

2 翻至正面後整燙並於上方壓車裝飾線。

3 多0.5cm的為正面，將正面與布料正面相對，沿著0.5cm車縫一直線。

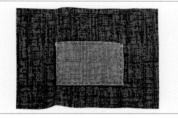

4 翻至正面整燙後，如圖做凵字型車縫。

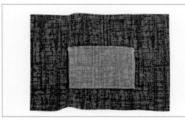

5 貼式口袋完成。

⊕ 固定釦安裝法

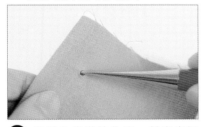

1 置於欲安裝的位置，並畫出記號，並以錐子鑽孔。

2 準備固定釦工具。

3 將A置於孔中。

4 把欲嵌入固定釦的布置於膠板上，並以平凹斬及木槌將a嵌入A。

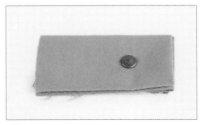

5 完成的樣子。

6 你也可以選用凸面固定釦，並記得將平凹斬改成凸面固定釦專用斬（其他工具相同）。

⊕ 雞眼釦安裝法

1 先以錐子於布上適當位置穿孔。

2 準備工具如上。

3 再將 a 套入孔中，並連同布置於座台上。

4 將A套在a上，並將工具垂直放好。

5 再以木槌敲打即可。

6 完成的樣子。

⊕ 磁釦安裝法

1 先於磁釦的安裝位置，燙上比磁釦略大的厚布襯。

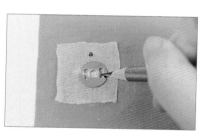

2 將a置於欲安裝的位置上，並於兩孔畫出記號線。

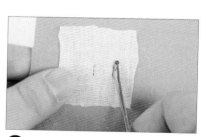

3 以拆線器把畫線位置割出兩孔。

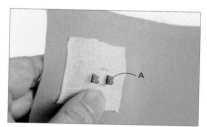

4 將A之金屬片套入兩孔。

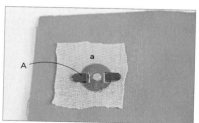

5 再合上a，並將A之金屬片往兩側壓平即完成。

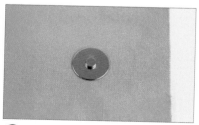

6 正面的樣子。

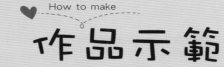

作品示範

製作作品前，記得依照表格所列尺寸(或紙型)裁剪布片，並準備好所需配件，再參考示範圖解開始製作！

Handmade bag

01 貝殼短夾

紙型A面 貝殼造型×防潑水×拉鍊夾層

＊完成尺寸：長12×高10×寬2cm

♥ 裁布表　單位：cm

數字尺寸均已含縫份0.7cm，紙型為實版，請依標示外加縫份。

部位名稱	數 量	裁布尺寸	燙襯尺寸	配 件
袋身	表布×1	依紙型 **1-1** (外加縫份1.2cm)	鋪棉A×2（同紙型 **1-2** ） 紙板A×2（同紙型 **1-2** ） 鋪棉B×1（→9.8×1.5cm） 紙板B×1（→9.8×1.5cm）	35cm拉鍊1條
	裡布×1	依紙型 **1-3** (外加縫份0.7cm)	紙襯×1 （依紙型 **1-3** 外加縫份0.7cm）	
拉鍊夾層	2	→9×12.5cm	厚襯×2（→9×5.5cm）	7cm拉鍊1條
側身擋片	2	依紙型 **1-4** (外加縫份0.7)		

♥ 表袋的製作

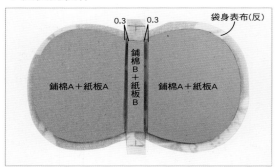

0.3　0.3　袋身表布(反)

鋪棉A＋紙板A　　鋪棉B＋紙板B　　鋪棉A＋紙板A

1 在袋身表布上先燙上鋪棉再黏上紙板（以白膠黏合），整燙、黏合順序：由中間B開始向外A，每片之間都留空隙0.3cm。

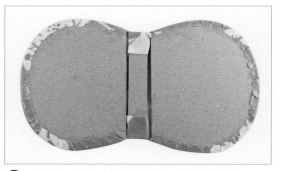

2 如圖將四邊布料靠著紙板向內黏合（圓弧處需剪小小的牙口會比較漂亮）。

50

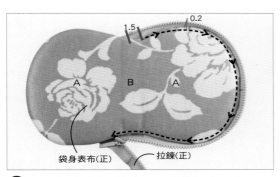

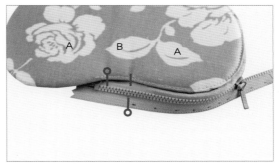

3 先在拉鍊前端距擋片1.5cm處做記號,再將拉鍊正面朝上,置於袋身表布下(記號置於A底部),距離布邊0.2cm車縫上片(起針於紙板A車至紙板B的部分)。

4 如圖於拉鍊另一側做出記號,並將記號對齊另一側A的底部後(○與○對齊),將拉鍊車縫於袋身表布另一邊。

♥ 拉鍊夾層

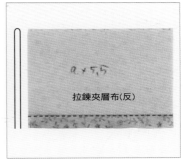

5 完成另一邊袋身表布拉鍊的車縫。

6 將多餘的拉鍊黏合於紙板上。

7 將拉鍊夾層布對摺,再如圖車縫並燙上厚襯。

♥ 側身擋片

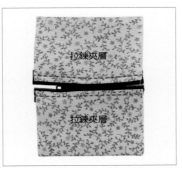

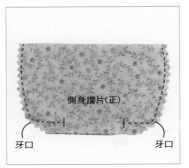

8 由側邊翻至正面,共做2組。

9 將拉鍊夾層置於拉鍊上方,並車縫固定,並將多餘的拉鍊修剪。

10 取兩片側身擋片正面相對如圖車縫並於底部預留返口,再於弧度處剪牙口。

11 翻至正面，在上下車壓裝飾線，共做2組。

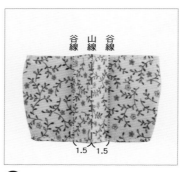

谷 山 谷
線 線 線

1.5 1.5

12 先對摺燙出中心的山線，再如圖各向左、右1.5cm燙出谷線。

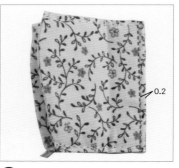

0.2

13 如圖對摺，並在距邊0.2cm車壓一直線。

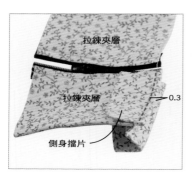

拉鍊夾層

拉鍊夾層　0.3

側身擋片

14 如圖將側身擋片的谷線摺好後包住拉鍊夾層，並在距邊0.3cm車縫固定。

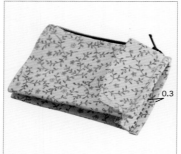

0.3

15 同步驟14將側身擋片的另一個谷線包住另一片拉鍊夾層，並距邊0.3cm車縫固定。

16 同步驟14～15完成拉鍊夾層的另一邊。

♥ 裡袋的製作

0.2

17 將兩片拉鍊夾層底部距邊0.2cm車縫一直線固定。

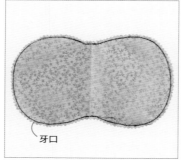

牙口

18 將袋身裡布與紙襯正面相對，車縫一圈，並於圓弧處修剪牙口。

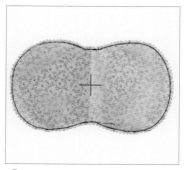

19 在紙襯中間剪開約3cm的十字。

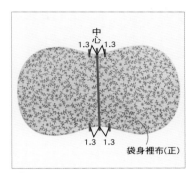

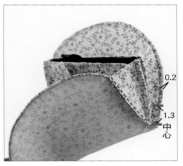

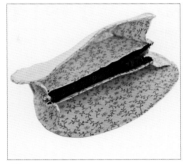

20 翻至正面後如圖於中心線左、右各1.3cm處做出記號。

21 將側身擋片置於1.3cm記號處，並於距邊0.2cm車縫固定。

22 同步驟21完成另一片側身擋片的車縫。

♥ 表裡袋的組合

23 將裡袋套入表袋中，並以白膠黏合即完成。

53

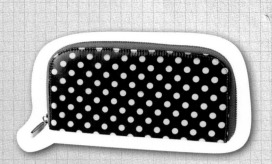

♥ Handmade bag

O2 時尚長夾

紙型A面 簡約造型×防潑水×多夾層

＊完成尺寸：長20×寬2.5cm×高9.5cm

♥ **裁布表** 單位：cm

數字尺寸均已含縫份0.7cm，紙型為實版，請依標示外加縫份。

部位名稱	數 量	裁布尺寸	燙 襯	紙板(2mm厚)	配 件
袋 身	表布×1	同紙型 **2-1**	鋪棉×1（同紙型 **2-4**）	A×2（同紙型 **2-2**）	42cm拉鍊1條
				B×1（→20×2）	
	裡布1	依紙型 **2-3**（外加縫份0.7）	紙襯×1（依紙型 **2-3** 外加縫份0.7）		
卡片夾層	裡布×2	→20×38	硬襯A×2（→19×8.4）		
			硬襯B×4（→9×5.9）		
拉鍊口袋	裡布×2	→17.5×14.5	硬襯C×2（→17×6.5）		16cm拉鍊1條
分層布	裡布×1	→17.5×14.5	硬襯D×1（→17×7）		
側身擋片	裡布×2	→15.5×16			
包邊布	裡布×2	→2×22			

♥ **表袋的製作**

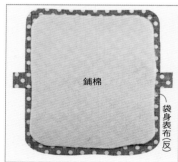

鋪棉

袋身表布（反）

1 取袋身表布燙上鋪棉。

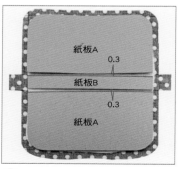

紙板A
0.3
紙板B
0.3
紙板A

2 再將紙板B黏於袋身表布中間，留0.3cm空隙後再將紙板A黏合於袋身表布。

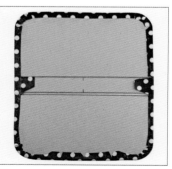

3 如圖將四邊布料靠著紙板向內黏合（圓弧處需剪小小的牙口會比較漂亮）。

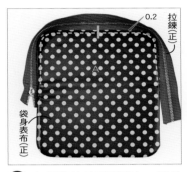

④ 如圖將拉鍊正面朝上，置於袋身表布下，距離布邊0.2cm沿上片紙板A ㄇ字型部分車縫。

⑤ 如圖將拉鍊的另一邊車縫於袋身表布（即下片紙板A＋紙板B的部份），並將拉鍊的尾端向外摺放。

♥ 卡片夾層

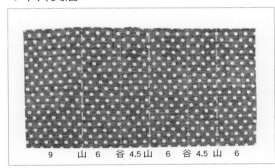
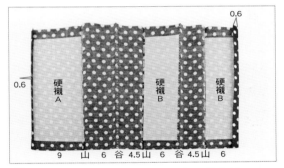

⑥ 將卡片夾層布如圖摺燙出山谷線。

⑦ 將硬襯A靠著9cm的山線燙上，將布邊0.6cm向內摺燙，再如圖將硬襯B燙上，並將右邊布邊靠著硬襯向內摺燙。

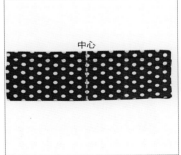
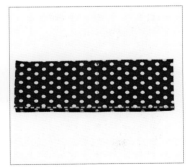

⑧ 沿著燙出的山谷線摺好，並分別將3個山線部分車壓裝飾線。

⑨ 先於中心線車縫一直線。

⑩ 再如圖將下方摺燙進去的部分車縫一直線固定。

55

♥ 拉鍊夾層的製作

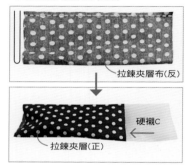

拉鍊夾層布(反)

硬襯C

拉鍊夾層(正)

11 先將拉鍊夾層布對摺車縫上方一直線，翻至正面後將硬襯C放入並整燙，共做2組。

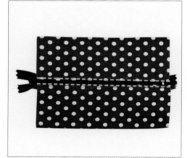

12 將拉鍊夾層放置於拉鍊上方並車縫固定。

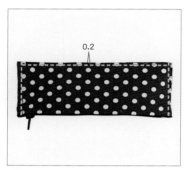

0.2

13 對摺後距邊0.2cm凵字型車縫。

♥ 分層布的製作

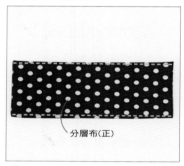

分層布(正)

14 將分層布同步驟11完成後，在上下車壓裝飾線。

♥ 側身擋片的製作

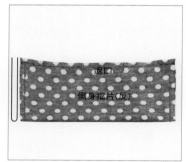

返口

側身擋片(反)

15 先將側身擋片如圖對摺車縫，並於上方預留返口。

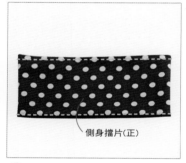

側身擋片(正)

16 再由返口翻至正面後，在上下車壓裝飾線。

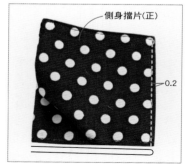

側身擋片(正)

0.2

17 將側身擋片如圖對摺車壓一直線。

2.5

18 如圖在2.5cm記號處燙出谷線。

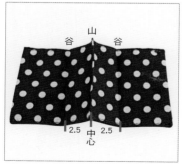

山

谷　　谷

2.5　2.5

中心

19 另一邊的2.5cm處也燙出谷線。

❤ 裡袋的製作

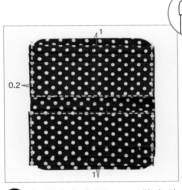

20 如圖以側身擋片2.5cm谷線包住拉鍊夾層並距邊0.5cm車縫固定。

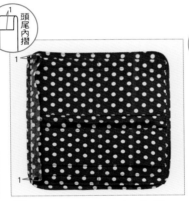

21 再以側身擋片另一邊的2.5cm谷線也如圖包住分層布，並距邊0.5cm車縫固定。

22 將袋身裡布與紙襯正面相對車縫一圈。如圖將中心剪開，並在圓弧處修剪牙口後翻至正面。

23 如圖由上向下1cm，將卡片夾層固定於袋身裡布上(距邊0.2cmㄩ字型車縫。

24 將包邊布的頭尾向內摺燙1cm後與袋身裡布側邊正面相對，距邊0.5cm車縫一直線固定。

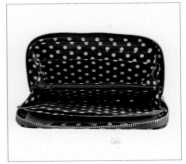

25 將包邊布包住袋身裡布向後翻，再車壓固定。

❤ 組合

26 將側身擋片與袋身裡布側邊車縫固定。

27 同上完成四邊車縫固定。

28 將拉鍊多餘的部分以白膠黏合於袋身表布裡面的紙版上，再將袋身裡布與袋身表布黏合即完成。

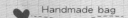

Handmade bag

03 萬用收納包

尺寸製圖 拉鍊包×萬用收納

＊完成尺寸：長14×寬4×高9cm

★製圖與裁布尺寸的計算

・設定成品尺寸＝長×寬×高

一片布不拼接作品	二片布拼接作品	三片布拼接作品
		・設定拼接高度為 x 、 y

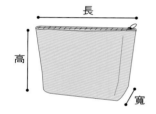

製圖

（高×2）＋寬

長

製圖

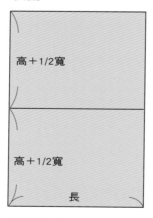

高＋1/2寬

高＋1/2寬

長

製圖

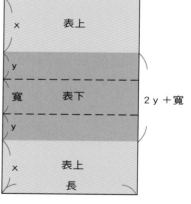

x 表上
y
寬 表下
y
x 表上
長

2 y ＋寬

裁布尺寸

・表布×1片

　布長→：長＋縫份

　布寬↑：（高×2）＋寬＋縫份

拉鍊長度(起點到止點)

（長－0.5）cm

裁布尺寸

・表布×2片

　布長→：長＋縫份

　布寬↑：高＋1/2寬＋縫份

裁布尺寸

・表上×2片

　布長→：長＋縫份

　布寬↑：x ＋縫份

・表下×1片

　布長→：長＋縫份

　布寬↑：2 y ＋寬＋縫份

♥ 萬用零錢包裁布尺寸計算

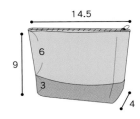

14.5

9

6

3

4

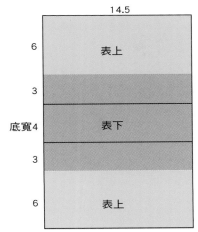

14.5

6　表上

3

底寬4　表下

3

6　表上

• 製圖：（實版，縫份另加）

裁布尺寸（縫份0.7cm）
- **表上×2片**
  布長→：長＋縫份＝14.5＋1.5＝16
  布寬↑：x＋縫份＝6＋1.5＝7.5
- **表下×1片**
  布長→：長＋縫份＝14.5＋1.5＝16
  布寬↑：2y＋寬＋縫份＝11.5

♥ 裁布表　單位：cm

數字尺寸均已含縫份0.7cm，請依尺寸裁布。

部位名稱	數　量	裁布尺寸	燙　襯	配　件
袋　身	表布上×2	→16×7.5	厚襯×2（→14.5×6）	14cm拉鍊1條
	表布下×1	→16×11.5	厚襯×1（→14.5×10）	
	裡布×2	→16×12.5	薄襯×2（→14.5×11）	
貼式口袋	1	→11×11		
掛　耳	1	→3.5×5		9mmD型環1個

♥ 製作方法

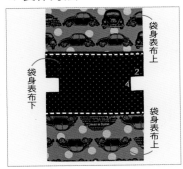

袋身表布上

袋身表布下

2

4

袋身表布上

❶ 依序將袋身「表布上」＋「表布下」＋「表布上」做拼接，並車壓裝飾線。

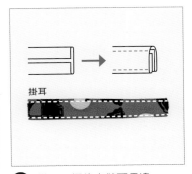

掛耳

❷ 掛耳四摺後車縫兩長邊。

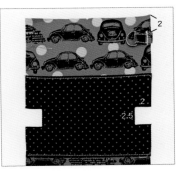

2

2

2.5

❸ 掛耳放入D型環後，對摺車縫固定於袋身表布側邊，並如圖剪出兩底角。

4 在一片袋身裡布完成貼式口袋。

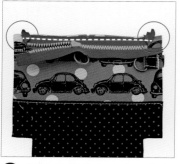

5 將拉鍊與袋身表布正面相對，並將兩端的拉鍊布如圖往內摺後車縫一直線固定。

6 將袋身裡布與袋身表布正面相對，再車縫一直線（表、裡布正面相對夾車拉鍊）。

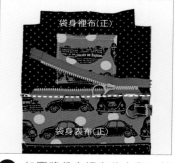

7 如圖將袋身裡布往上翻，縫份導向袋身表布，並車壓裝飾線。

8 同步驟5～7在拉鍊的另一邊完成袋身表、裡布夾車拉鍊。

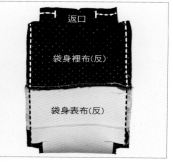

9 使袋身表布正面相對、袋身裡布正面相對，如圖車縫並於袋身裡布預留返口。

10 車縫表裡袋底的底角。

11 完成四個底角後，再以藏針縫或對針縫將返口縫合即完成。

♥ Handmand bag

04 兩用收納包

紙型A面 雙層收納×輕巧實用

＊完成尺寸：長17×寬11.5cm

♥ **裁布表** 單位：cm

數字尺寸均已含縫份0.7cm，紙型為實版，請依標示外加縫份。

部位名稱	數量	裁布尺寸	燙襯	配件
袋身	表布A×2	依紙型 **4-1**（外加縫份0.7）	厚布襯×2、鋪棉×2（同紙型 **4-1**）	7吋拉鍊1條 14mm磁釦1組
	表布B×1	依紙型 **4-2**（外加縫份0.7）	厚布襯×1（同紙型 **4-2**）	
	裡布A×2	依紙型 **4-1**（外加縫份0.7）	薄布襯（同紙型 **4-1**）	
	裡布B×1	依紙型 **4-2**（外加縫份0.7）		
貼式口袋A	1	→8×16		
貼式口袋B	1	→15×15		
掛耳	1	→4×5		15mmD型環1個

♥ **貼式口袋的製作**

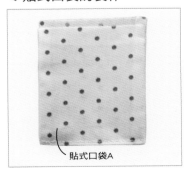

貼式口袋A

1 參考P.47完成貼式口袋。

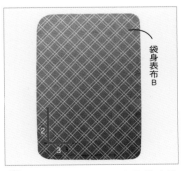

袋身表布B

2 在袋身表布B以消失筆做出貼式口袋A記號位置。

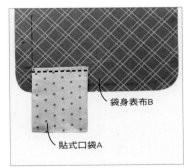

袋身表布B

貼式口袋A

3 如圖將貼式口袋多0.5cm的那面與袋身表布B正面相對車縫0.5cm一直線。

4 將貼式口袋A往上翻，再如圖車縫固定，若有布標亦可如圖車縫布標。

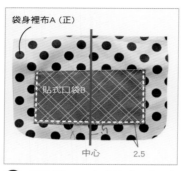

袋身裡布A（正）

貼式口袋B

中心　2.5

5 同步驟1～4完成貼式口袋B，並固定於一片袋身裡布A上。

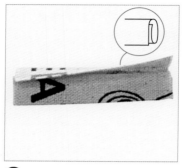

A

6 將掛耳布三摺。

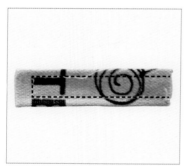

7 如圖車縫兩長邊。

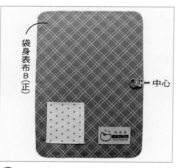

袋身表布B（正）

中心

8 將掛耳對摺套入D型環後固定於袋身表布B側邊中心上。

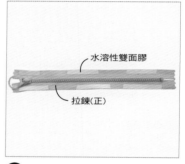

水溶性雙面膠

拉鍊（正）

9 如圖將拉鍊正反兩面貼上水溶性雙面膠。

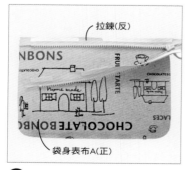

拉鍊（反）

袋身表布A（正）

10 將拉鍊的正面與袋身表布A正面相對貼合。

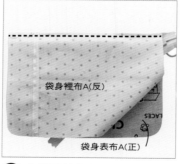

袋身裡布A（反）

袋身表布A（正）

11 如圖再放上袋身裡布A，使袋身裡布A與表布A正面相對，並車縫固定。

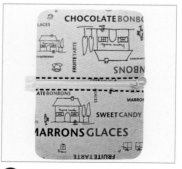

12 同步驟10～11在拉鍊的另一邊完成袋身表、裡布A夾車拉鍊，並車壓裝飾線。

13 將多餘的拉鍊剪掉。

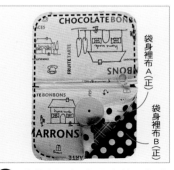

14 將袋身裡布B如圖車縫固定(袋身裡布A、B正面相對)。

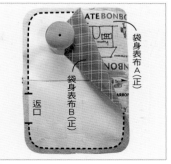

15 再放上袋身表布B,使袋身表布B與A正面相對如圖車縫一圈,並預留返口。

16 翻至正面後在袋身表布B安裝磁釦,再以藏針縫將返口縫合即完成。

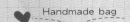

Handmade bag

05 識別證件卡套

紙型A面 透明層×前後夾層×揹帶

＊完成尺寸：寬7×高11cm

❤ 裁布表 　單位：cm

數字尺寸均已含縫份0.7cm，紙型為實版，不需另加縫份。

部位名稱	數　量	裁布尺寸	燙　襯	配　件
中間主體	素棉麻布×2	→9×13	挺襯×2（→7×11）	15mmD型環1個
透明夾層	圖案布×1	→9.5×12.5	紙襯×1（→9×10）	20mmD型環1個
透明軟布	1	同紙型 5-1		小雙圈2個
後夾層	圖案布×1	→9.5×12.5		
掛　耳	素棉麻布×1	→5.5×4		
揹　帶	點點布×1	→7.5×90		

❤ 透明夾層

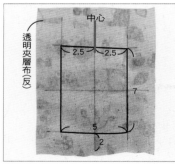

1 如圖在透明夾層布的反面畫出5×7cm矩形。

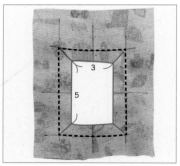

2 將透明夾層布與紙襯正面相對，車縫5×7cm矩形，並剪掉綠色部分（小心不要剪到車線）。

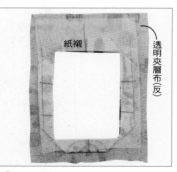

3 將紙襯翻至透明夾層布的反面，並先以骨筆刮過（從正面不要看到紙襯為主），再整燙。

4 將透明軟布以水溶性雙面膠固定於布料下方，並車縫一圈固定。

將上面0.7cm三摺並車縫直線固定。

5 將上面0.7cm三摺並車縫直線固定。

後夾層

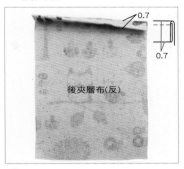

6 將後夾層布上方0.7cm三摺(注意：要和步驟5的一樣高哦)。

中間主體

7 將挺襯燙於中間主體布反面(位置：靠下，左右置中)，再將左右兩邊的布料沿著襯料向內燙(可利用熱熔膠襯固定)。

8 將上方布料沿著襯料向下熨燙(所以襯料剪得好很重要哦！)。

組合

9 中間主體由上向下在1.5cm做記號後，放置於後夾層布上(位置：左右置中，上面靠著1.5cm位置)。

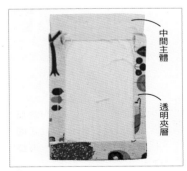

10 同步驟8～9完成另一片中間主體布與透明夾層。

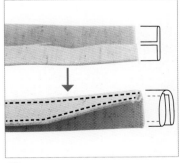

11 將掛耳布的兩端向中心摺燙。如圖再對摺熨燙，並車縫兩邊固定。

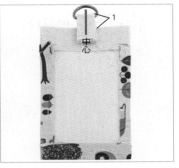

12 掛耳布對摺，並將15mmD型環放入，再如圖放置於中間主體布(左右置中，由上向下約1cm即可)。

65

13 重疊上另一片中間主體(兩片主體布是反面相對,可用強力夾先夾住固定),車縫一圈即可。

14 將揹帶布先對摺燙出中心線,再將兩端向中間熨燙。

D型環

15 先放入20mmD型環,再將兩短邊正面相對0.7cm車縫。

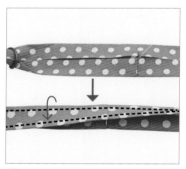

16 將縫份倒向兩邊並燙開後,再對摺熨燙後車縫兩長邊。

17 如圖將D型環整理放置後車縫一圈固定。

18 以雙圈連結揹帶和證件套。

Handmade bag

06 實用便當袋

尺寸製圖 外打角×防潑水內袋×大容量

＊完成尺寸：長32×寬10×高23cm

♥ 裁布表　單位：cm

數字尺寸均已含縫份0.7cm，請依尺寸裁布。

部位名稱	數　量	裁布尺寸	燙　襯	配　件
袋身前片	表布×1	→35×23	厚襯×1（→33.5×21.5）	33cm拉鍊 2.5cm寬尼龍織帶60cm長 內徑2.5cm插扣一組
	裡布（防潑水布）×1			
袋身後片	表布×1	→35×47	厚襯×1（→33.5×45.5）	
	裡布（防潑水布）×1			

♥ 製作方法

袋身前片表布（反）

袋身後片表布（正）

1 將袋身前、後片表布正面相對車縫固定。

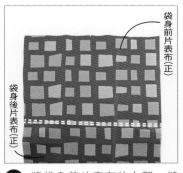

袋身前片表布（正）

袋身後片表布（正）

2 將袋身前片表布往上翻，縫份導向前片，並車壓裝飾線。

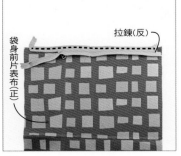

拉鍊（反）

袋身前片表布（正）

3 將拉鍊與袋身前片表布正面相對如圖車縫固定。

4 再放上袋身前片裡布，使袋身前片表、裡布正面相對夾車拉鍊。

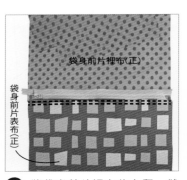

5 將袋身前片裡布往上翻，縫份導向袋身前片表布，車壓裝飾線。

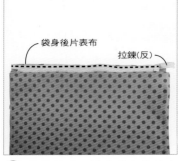

6 拉鍊的另一邊與袋身後片表布正面相對如圖車縫一直線。

7 同步驟4～5完成袋身後片表、裡布夾車拉鍊，並車壓裝飾線。

8 將袋身前、後片裡布正面相對車縫底部一直線，並預留返口。

9 如圖在袋身表布反面距車合線3cm處剪出牙口。

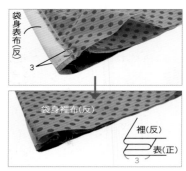

10 如圖摺出3cm的袋身表布，再如圖摺出3cm的袋身裡布。

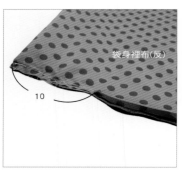

11 如圖將摺好側邊的袋身表、裡布先車縫約車10cm長。

12 同步驟10～11完成另一側邊車縫。

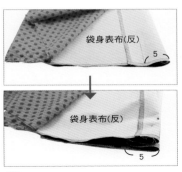

13 如圖於袋身表布兩邊的5cm都做出記號，並將兩邊的5cm記號線向內摺。

14 先車縫固定約7cm。

15 同步驟13～14完成袋身裡布的車縫。

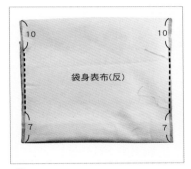

16 再將袋身表、裡布重疊在一起，車縫兩側邊中間未車縫的部分。

17 由袋身裡布返口翻至正面後以藏針縫將返口縫合。

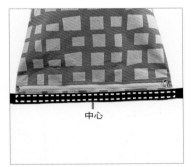

18 將織帶對摺找出中心點，再與布料中心點對應後如圖車縫固定織帶。

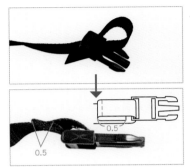

19 如圖將織帶穿過插扣，再將織帶向內摺0.5cm後車縫固定。

20 同步驟19完成另一邊插扣的車縫即可。

69

Handmade bag

07 筆袋、萬用袋

尺寸製圖 萬用收納×方整造型

＊完成尺寸：長15×高10×寬6cm

★製圖與裁布尺寸的計算

表布不拼接作品

・設定成品尺寸：
長×寬×高

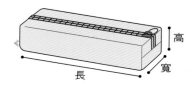

♥筆袋的裁布表 單位：cm

數字尺寸均已含縫份0.7cm，請依尺寸裁布。

部位名稱	數　量	裁布尺寸	燙　襯	配　件
袋　身	表布×1	→26.5×20.5	厚襯×1 (→25×19)	25cm拉鍊1條
	裡布×2	→26.5×11	薄襯×2 (→25×19)	
掛　耳	2	→3.5×5		9mmD型環2個

製圖

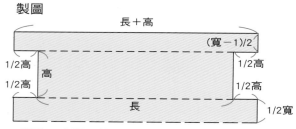

・製圖：(實版，縫份另加)

裁布尺寸

・表布×1
　布長→：長＋高＋縫份
　布寬↓：〔(寬－1)/2＋高＋1/2寬〕
　　×2＋縫份
・裡布×1(同表布)
・拉鍊長度
　1/2高＋長＋1/2高＝長＋高

萬用筆袋裁布尺寸計算

・設定成品尺寸：長×寬×高＝20×5×5
・表布×1
　布長→
　　長＋高＋縫份＝20＋5＋1.5＝26.5
　布寬↓
　　〔(寬－1)/2＋高＋1/2寬〕×2＋縫份＝20.5
・裡布×2(二片拼接)
　布長→
　　長＋高＋縫份＝26.5
　布寬↓
　　〔(寬－1)/2＋高＋1/2寬〕＋縫份＝11
・拉鍊長度
　1/2高＋長＋1/2高＝長＋高＝20＋5＝25
　最少25cm，可用長於25cm的拉鍊修剪

表布拼接作品
- 設定成品尺寸：長×寬×高
- 設定拼接高度為x、y

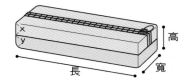

裁布尺寸
- 表上×2
  布長→：1/2高＋長＋1/2高＋縫份＝長＋高＋縫份
  布寬↓：〔(寬－1)/2＋x 〕＋縫份
- 表下×1
  布長→：1/2高＋長＋1/2高＋縫份＝長＋高＋縫份
  布寬↓：y ＋寬＋y ＋縫份＝2 y ＋寬＋縫份

- 裡布計算(同表布不拼接)
  布長→：長＋高＋縫份
  布寬↓：〔(寬－1)/2＋高＋1/2寬 〕×2＋縫份
- 拉鍊長度
  1/2高＋長＋1/2高＝長＋高

製圖

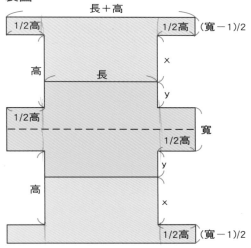

- 製圖：(實版，縫份另加)

萬用袋的裁布尺寸計算
- 設定成品尺寸
  長×寬×高＝15×6×10
- 拼接高度： x ＝6.5　y ＝3.5
- 表上×2
  布長→：長＋高＋縫份＝15＋10＋1.5＝26.5
  布寬↓：〔(寬－1)/2＋x 〕＋縫份
  ＝2.5＋6.5＋1.5＝10.5
- 表下×1
  布長→：長＋高＋縫份＝15＋10＋1.5＝26.5
  布寬↓：2 y ＋寬＋縫份＝13＋1.5＝14.5
- 裡布×2(二片拼接)
  布長→：長＋高＋縫份＝26.5
  布寬↓：〔(寬－1)/2＋高＋1/2寬 〕＋縫份＝17
- 拉鍊長度
  1/2高＋長＋1/2高＝長＋高＝15＋10＝25
  最少25cm，可用長於25cm的拉鍊修剪

♥ 萬用袋的裁布表　單位：cm
數字尺寸均已含縫份0.7cm，請依尺寸裁布。

部位名稱		數 量	裁布尺寸	燙 襯	配 件
袋 身		表布上×2	→26.5×10.5	厚襯×2 (→25×9)	25cm拉鍊1條
		表布下×1	→26.5×14.5	厚襯×1(→25×13)	
		裡布×2	→26.5×17	薄襯×2 (25×15.5)	
掛 耳		2	→5.5×6		15mmD型環2個

♥ 表裡袋的組合

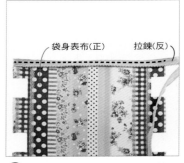

① 拉鍊與袋身表布正面相對，車縫一直線。

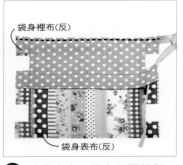

② 將袋身表、裡布正面相對，車縫一直線。

③ 翻至正面後車壓裝飾線。

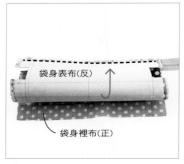

④ 將袋身表布的另一邊往上翻與拉鍊的另一邊正面相對後，車縫一直線。

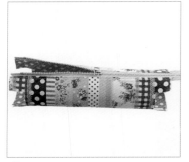

⑤ 同步驟2～3完成袋身表、裡布夾車拉鍊。

⑥ 修剪掉多餘的拉鍊，並距布邊1cm的拉鍊尺拔掉，再將尾端先車縫固定避免跑掉。

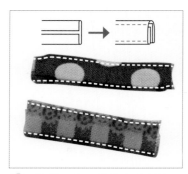

⑦ 將掛耳布四摺後車縫兩邊固定。

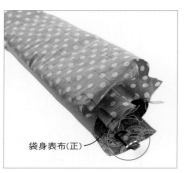

⑧ 套入D型環後車縫固定於袋身表布的中心位置。

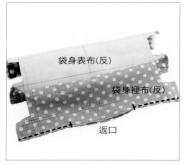

⑨ 將袋身裡布正面相對後車縫並預留返口。

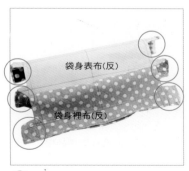

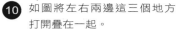

⑩ 如圖將左右兩邊這三個地方打開疊在一起。

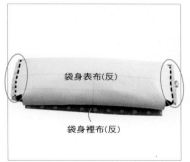

⑪ 如圖將袋身表、裡布車縫一直線。

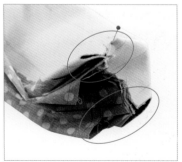

⑫ 如圖一邊會分成兩組(表＋裡為一組)，並使袋身表布正面相對，布邊對齊。

⑬ 袋身裡布同袋身表布正面相對後，如圖車縫一直線固定。

⑭ 同步驟12～13完成四組的車縫，並以藏針縫或對針縫將返口縫合即完成。

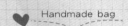

08 實用水壺袋

尺寸製圖 束口袋×防潑水×實用小物

＊完成尺寸：長6.5×寬6.5×高17cm

★製圖與裁布尺寸的計算

二片布拼接

1. 丈量保溫瓶(水壺)的直徑

2. 設定成品尺寸：長(水壺的直徑)×寬(同長)×高(水壺高)

高（水壺高）

長（水壺直徑） 寬＝長

表布製圖(實版)

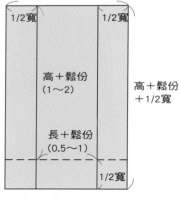

長＋寬＋鬆份

1/2寬　　1/2寬

高＋鬆份(1～2)

高＋鬆份＋1/2寬

長＋鬆份(0.5～1)

1/2寬

裁布尺寸

• 表布×2片

　布長→：1/2寬＋長＋鬆份＋1/2寬＋縫份
　＝長＋寬＋鬆份＋縫份

　布寬↑：高＋鬆份＋1/2寬＋縫份

裡布製圖(實版)

長＋寬＋鬆份

高＋鬆份

1/2寬

1/2寬

• 口布×2片

　布長→：表布長

　布寬↑：寬＋縫份

• 棉繩×1條

　長度→：表布長→×2
　＋(5～10cm)

裁布尺寸

• 裡布×2片

　布長→：長＋寬＋鬆份＋縫份

　布寬↑：高＋鬆份＋1/2寬＋縫份

關於鬆份

希望合身一點保溫套，且使用的裡布是薄的防潑水布，表布也只加〔厚襯＋鋪棉〕，因此鬆份並無加太多。當然讀者可依使用布料的厚度自行斟酌調整鬆份。

表布三片拼接作品

設定成品尺寸
長×寬×高

1. 依個人喜好設定拼接高度為 x 、 y
2. 設定鬆份，在此我將鬆份設定為

　　1cm，所以總高為高＋1

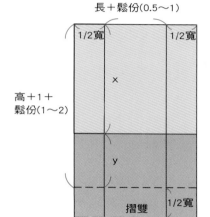

長＋鬆份(0.5～1)

1/2寬　　　　1/2寬

高＋1＋
鬆份(1～2)

x

y

摺雙　　1/2寬

• 製圖：(實版，縫份另加)

裁布尺寸

• 表上×2
　　布長→：長＋寬＋鬆份＋縫份
　　布寬↓：x＋縫份

• 表下×1
　　布長→：長＋寬＋鬆份＋縫份
　　布寬↓：(y ＋1/2寬)×2＋縫份

❤ 實用水壺袋裁布表 　單位：cm

數字尺寸均已含縫份0.7cm，紙型為實版，縫份請見標示。

部位名稱	數　量	裁布尺寸	燙　　襯		配　件
袋　身	表布上×2	→15×13.5	厚襯×2 (→13.5×12)	鋪棉×1 (→13.5×42.5)	
	表布下×1	→15×20	厚襯×1 (→13.5×18.5)		
	裡布×2	→15×22.75			
口　布	2	→15×8			棉繩40cm2條
掛　耳	2	→5.5×6			15mmD型環2個

實用水壺袋裁布計算

• 設定成品尺寸：長×寬×高＝6.5×6.5×17
　　高度鬆份為1cm，所以總高為17＋1＝18

• 拼接高度：12cm和6cm

• 表上×2
　　布長→：長＋寬＋鬆份＋縫份＝6.5＋6.5＋0.5＋1.5＝15
　　布寬↓：x＋縫份＝12＋1.5＝13.5

• 表下×1
　　布長→：長＋寬＋鬆份＋縫份＝6.5＋6.5＋0.5＋1.5＝15
　　布寬↓：(y ＋1/2寬)×2＋縫份＝(6＋3.25)×2＋1.5＝20

❤ 表袋的製作

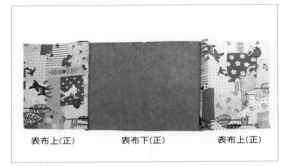

表布上(正)　　　表布下(正)　　　表布上(正)

1 依序將袋身「表布上」＋「表布下」＋「表布上」做拼接。

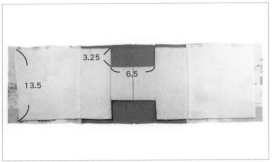

13.5　3.25　6.5

2 再於反面燙上鋪棉。

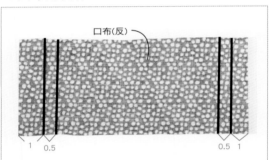

袋身表布下

3 翻正面，於「袋身表布下」車壓裝飾線。

❤ 口布的製作

口布(反)

1　0.5　　　0.5　1

4 如圖於口布畫出記號線。

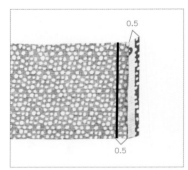

0.5

0.5

5 將布邊摺燙至1cm記號線(等於燙0.5cm)。

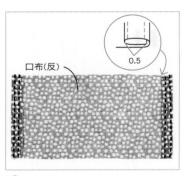

口布(反)

0.5

6 再向內摺燙0.5cm(等於0.5cm三摺燙)，並車縫固定，同步驟5～6完成另一邊。

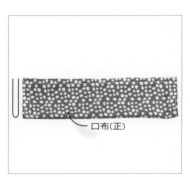

口布(正)

7 對摺並整燙。

♥ 掛耳的製作

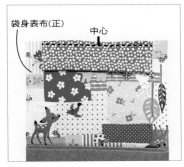

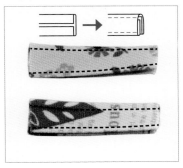

8 將兩片口布分別車縫固定於袋身表布上。

9 將掛耳布四摺車縫後套入D型環。

10 將掛耳車縫固定於袋身表布上。

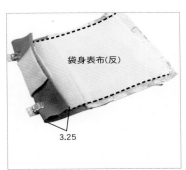

♥ 裡袋的製作

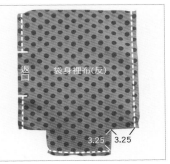

11 將袋身表布對摺並畫出袋身表布下片1/2寬,即3.25cm的記號線。

12 如圖向上摺3.25cm,並車縫兩側邊。

13 將袋身裡布正面相對如圖車縫,並預留返口。

♥ 表裡袋的組合

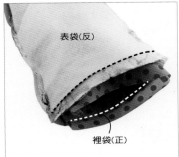

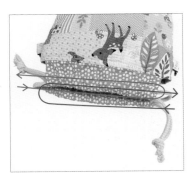

14 車縫兩個底角。

15 將裡袋翻至正面,套入表袋,與表袋正面相對,車縫上方袋口一圈。

16 分別將兩條棉繩一順時針,一逆時針穿入口布,兩端分別打結,並以藏針縫或對針縫將返口縫合即完成。

09 外出斜背包

尺寸製圖 前後口袋×輕便斜背

＊完成尺寸：長30×寬10×高18cm

♥ 裁布表　單位：cm

數字尺寸均已含縫份0.7cm，請依尺寸裁布。

部位名稱	數　量	裁布尺寸	燙　襯	配件
袋　身	表布×1	→32×48	鋪棉×1(→30.5×46.5)	29cm拉鍊一條
	裡布×2	→32×24.5		長7cm皮片一組
前口袋	表布×1	→32×15		（一邊已加牛仔釦）
	裡布×1	→32×16		固定釦2組
後口袋	表布(上)×1	→10×10.5		15mmD型環2個
	表布(下)×1	→10×3		現成揹帶1組
	裡布×1	→10×11.5		
掛　耳	2	→3×7		
貼式口袋	1	→20×20		

♥ 前口袋的製作

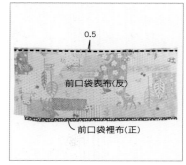

1 將前口袋表、裡布正面相對，如圖距邊0.5cm車縫一直線。

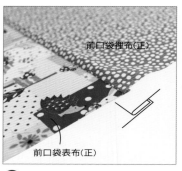

2 如圖將縫份導向前口袋裡布。

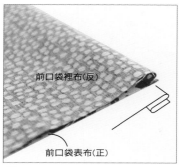

3 如圖將前口袋裡布摺向前口袋表布，與前口袋表布正面相對。

4 此時下方的布邊是對齊的，並如圖車縫一直線。

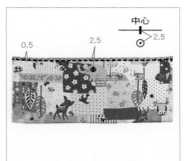

5 翻至正面後車壓裝飾線，並安裝牛仔釦的另一邊。

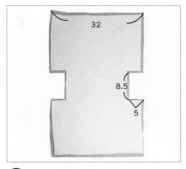

6 將袋身表布如圖剪下兩個底角。

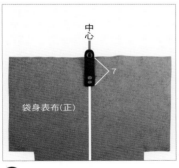

7 將皮片以固定釦安裝於袋身表布上。

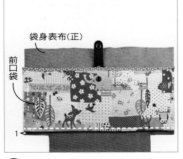

8 將前口袋車縫固定於袋身表布上。

♥ 後口袋的製作

9 將後口袋表布上與後口袋表布下正面相對車縫固定，翻正面於後口袋表布下車壓裝飾線。

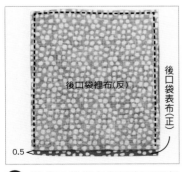

10 將後口袋表布與裡布正面相對車縫ㄇ字型(後口袋表布比裡布多0.5cm)。

11 翻至正面後，於上方車壓裝飾線。

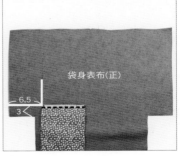

12 如圖將後口袋與袋身表布正面相對，車縫一直線。

♥ 表裡袋的組合

13 將後口袋往上翻，如圖車縫固定。

拉鍊(反)　袋身表布(正)

14 將拉鍊與袋身表布正面相對，車縫固定。

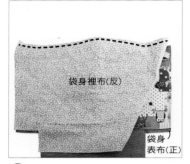

袋身裡布(反)

袋身表布(正)

15 再放上袋身裡布，使袋身裡布與袋身表布正面相對(夾車拉鍊)車縫一直線。

袋身表布(正)

16 如圖將袋身裡布往上翻，縫份導向袋身表布，並車壓裝飾線。

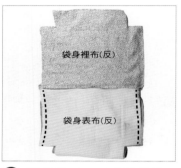

袋身裡布(反)

袋身表布(反)

17 同步驟14～16在拉鍊另一邊完成袋身表、裡布夾車拉鍊後，並使袋身表布正面相對、袋身裡布正面相對，如圖車縫袋身表布側邊。

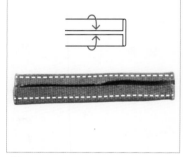

18 將掛耳布兩邊向中心摺燙，並車縫兩長邊固定。

19 將D型環套入掛耳布後將布邊收在裡面車縫固定於袋身表布側邊(共兩邊)。

袋身表布(反)

袋身裡布(反)

返口

20 再使袋身表布正面相對、袋身裡布正面相對，如圖車縫裡布並預留返口。

21 車縫袋身表、裡布的四個底角後，由返口翻至正面，再以藏針縫將返口縫合即完成。

Handmade bag

10 三層上班包

紙型A面 雙拉鍊口袋×三層包×兩用包

＊完成尺寸：長32×寬13×高22cm

♥ 裁布表　單位：cm

數字尺寸均已含縫份0.7cm，紙型為實版，請依標示外加縫份。

部位名稱	數　量	裁布尺寸	燙　襯	配　件
袋　身	表布×4	依紙型 **10-1** （外加縫份0.7）	厚襯×4、鋪棉×2 （同紙型 **10-1**）	27cm拉鍊2條 提把1組
	裡布×4			
側　身	表布×2	→15×36	厚襯×2、鋪棉×1 （→13.5×34.5）	皮片1組2個 （含固定釦4組、 D型環2個）
	裡布×2			
袋　蓋	表布×1	依紙型 **10-2** （外加縫份0.7）	厚襯×1（同紙型 **10-2**）	18mm磁釦2組
	裡布×1			
貼式口袋A	2	→28×35		
貼式口袋B	2	→26×32		
拉鍊擋布	4	→4×2.5		
斜布條	2	→2.5×80		78cm包邊骨2條

♥ 貼式口袋、出芽

❶ 取兩片袋身裡布完成貼式口袋A，即成「袋身裡布B」，另兩片未加貼式口袋的袋身裡布為「袋身裡布A」。

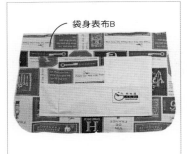

❷ 再於兩片袋身表布完成貼式口袋B，即為「袋身表布B」，另兩片未加貼式口袋的袋身表布為「袋身表布A」。

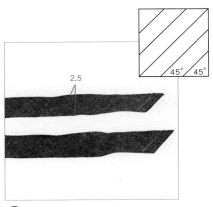

❸ 裁出45°寬2.5cm的斜布條。

④ 將兩布條正面相對車縫。

⑤ 將縫份導向二邊燙平後，剪掉多餘的部分。

⑥ 依上述步驟，接成需要的長度，並對摺車縫。

⑦ 穿入包邊骨。

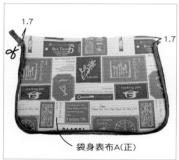

袋身表布A(正)

⑧ 如圖前端和尾端布料需比包邊骨多1.7cm，並將沒有包邊骨的布料向外摺(收邊)，車縫固定於袋身表布A，共做2個。

♥ 拉鍊擋布

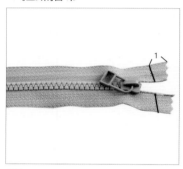

⑨ 如圖畫出1cm記號。

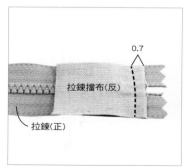

拉鍊擋布(反)

拉鍊(正)

⑩ 如圖將拉鍊擋布對齊拉鍊上的1cm記號，兩者正面相對車縫0.7cm。

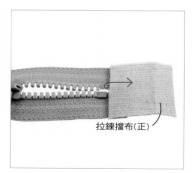

拉鍊擋布(正)

⑪ 將拉鍊擋布翻至正面。

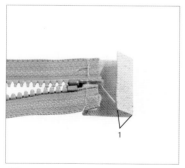

⑫ 如圖將布邊向內摺燙1cm。

♥ 袋蓋

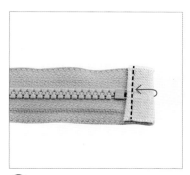

13 如圖包住拉鍊車縫固定。

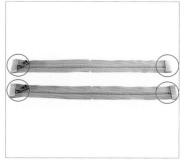

14 分別將兩條拉鍊頭尾，共四邊完成拉鍊擋布。

15 將袋蓋表、裡布正面相對，如圖車縫U字型，並在圓弧處修剪牙口。

16 翻至正面並車壓裝飾線。

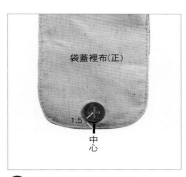

17 在袋蓋裡布安裝磁釦。

18 將袋蓋與袋身表布B車縫固定。

♥ 袋身的製作(本作品的袋身前後均為拉鍊口袋)

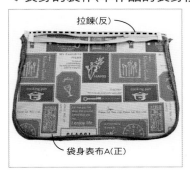

19 將拉鍊放置於袋身表布A的中間，兩者正面相對車縫固定。

20 再放上一片袋身裡布B，使袋身表布A、裡布B正面相對(夾車拉鍊)車縫一直線。

21 如圖將袋身裡布B往上翻，縫份導下，於袋身表布A車壓裝飾線。

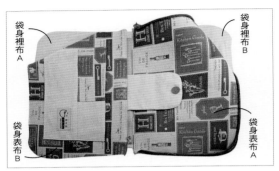

㉒ 同步驟19~21在拉鍊另一邊完成袋身表布
B和袋身裡布A的車縫,並於袋身表布A上
安裝磁釦。

㉓ 同步驟19~22完成另一組袋身。

♥ 組合

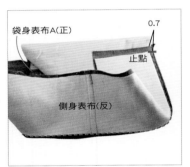

㉔ 將側身表布正面相對車縫後
翻至正面車壓裝飾線,側身
裡布亦同。

㉕ 將側身表布(由0.7cm車至
0.7cm止點)與袋身表布A正面
相對車縫。

㉖ 再將側身表布(由0.7cm車至
0.7cm止點)的另一邊與另一片
袋身表布A正面相對車縫。

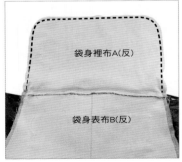

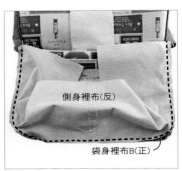

㉗ 以側身表布為界分,將同一
側的袋身裡布(A與B)正面相對
如圖車縫。

㉘ 再將另一側的袋身裡布(A與B)
正面相對如圖車縫。

㉙ 將袋身表布B與側身裡布正面
相對車縫。

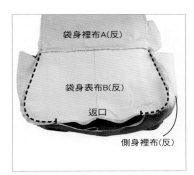

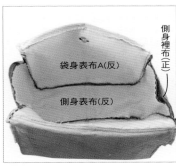

袋身裡布A(反)

袋身表布B(反)

返口

側身裡布(反)

側身裡布(正)

袋身表布A(反)

側身表布(反)

30 將側身裡布與另一片袋身表布B正面相對車縫並預留返口。

31 將側身裡布翻至正面套入側身表布，正面相對，車縫側身及袋身表布A與B。

32 由返口翻至正面以藏針縫縫合並於側身安裝皮片及手縫提把後即完成。

♥ Handmade bag

11 帆布郵差包

紙型B面 前口袋×內拉鍊夾層×肩側兩揹

＊完成尺寸：長33.5×高25.5×寬8.5cm

♥ **裁布表** 單位：cm

數字尺寸均已含縫份0.7cm，紙型為實版，請依標示外加縫份。

部位名稱	數　量	裁布尺寸	燙　襯	配　件
袋　身	表布(帆布)×2	依紙型 **11-1**（外加縫份0.7）		
	裡布×2	→43×24.5		
袋　蓋	表布×1	依紙型 **11-2**（外加縫份0.7）		皮包釦2組
	裡布×1			
前口袋	表布×1	依紙型 **11-3**（外加縫份0.7）		
	裡布×1			
側　身	表布A×2	→10×42		
	表布B×2	→10×15		
側身擋布	表布×2	→10×6		
側身掛耳	表布×2	→6×8		
拉鍊夾層A	2	→34×20	挺襯×2（→32.5×18.5）	32cm拉鍊1條
拉鍊夾層B	2	→34×20		
貼式口袋	1	→28×30		
揹　帶	2	→11.5×135		30mm口型環2個 30mm日型環1個 8mm固定釦4組

前口袋的製作

前口袋裡布(反)

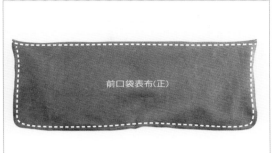

前口袋表布(正)

1 前口袋表、裡布正面相對如圖在上方車縫一直線。

2 翻至正面後在上方車壓裝飾線,並將另三邊車縫ㄇ字型固定。

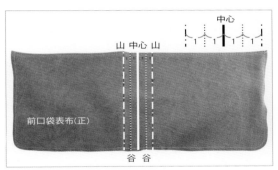

中心

山 中心 山

前口袋表布(正)

谷 谷

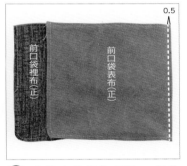

0.5

前口袋裡布(正)

前口袋表布(正)

3 如圖畫出並燙出間距1cm的山谷線(以正面看凸起的是山線,凹下去的是谷線)。

4 右邊山線部分車壓0.5裝飾線。

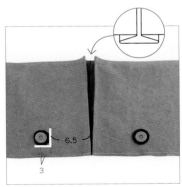

6.5

3

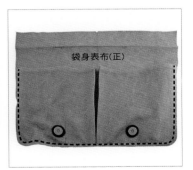

袋身表布(正)

5 左邊山線也車壓0.5cm裝飾線。

6 將山谷線摺好後車縫固定,並先縫上皮包釦。

7 將前口袋固定於袋身表布上。

♥ 袋蓋的製作

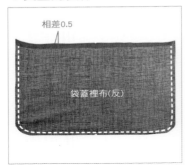

相差0.5

袋蓋裡布(反)

8 將袋蓋表、裡布正面相對，如圖凵字型車縫。

袋蓋表布(正)

9 翻至正面車縫裝飾線。

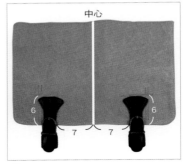

中心

6　7　7　6

10 縫上皮包釦。

中心

0.5　4.5

袋身表布(正)

11 將袋蓋與另一片袋身表布正面相對，由上向下4.5cm，距邊0.5cm車縫一直線。

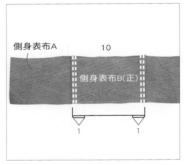

袋身表布(正)

袋身表布(正)

12 翻至正面後再車壓直線固定。

♥ 側身表布組合

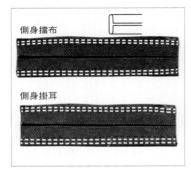

側身表布A　10

側身表布B(正)

1　1

13 先將側身表布B的兩端向內摺1cm，再車縫固定於側身表布A上。

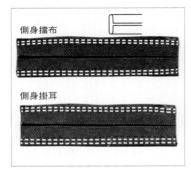

側身擋布

側身掛耳

14 將側身擋布和側身掛耳兩端向中心摺燙，並車縫兩側邊。

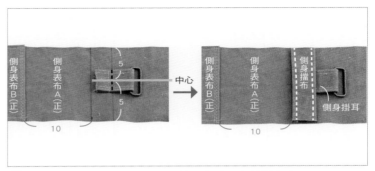

側身表布B(正)　側身表布A(正)　5　中心　5　10

側身表布B(正)　側身表布A(正)　側身擋布　側身掛耳　10

15 先將側身掛耳套入口型環後對摺車縫固定於側身表布A上，再將側身擋布車縫固定於側身表布A上，共做2組。

16 將2片側身表布A正面相對，如圖車縫一直線。

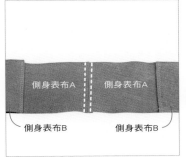

17 翻至正面後車壓裝飾線。

18 將側身表布與袋身表布正面相對車縫固定。

♥ 貼式口袋

♥ 拉鍊夾層

19 再將側身表布的另一邊與另一片袋身表布正面相對車縫固定，並將圓弧部分修剪牙口。

20 完成貼式口袋，並車縫固定於一片袋身裡布上，再將袋身裡布下方剪下4.5cm×4.5cm。

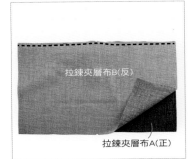

21 將拉鍊夾層布A與拉鍊正面相對，並車縫固定。

22 再將拉鍊夾層布B與拉鍊夾層布A正面相對夾車拉鍊。

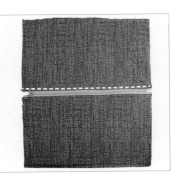

23 翻至正面後車壓裝飾線。

24 同步驟21～23在拉鍊的另一邊完成拉鍊夾層A、B夾車拉鍊。

♥ 裡袋的製作

25 將拉鍊夾層如圖對摺車縫固定三邊。

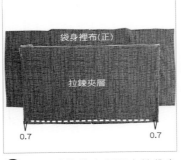

26 如圖將拉鍊夾層固定於袋身裡布上。

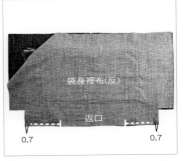

27 如圖與另一片袋身裡布正面相對車縫底部並預留返口。

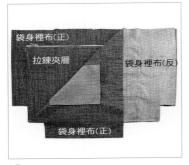

28 將袋身裡布如圖對摺。

29 將袋身裡布的側邊與拉鍊夾層的側邊對齊。

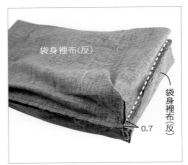

30 同步驟28～29將三片布料（2片袋身裡布和1片拉鍊夾層）側邊對齊後車縫固定（從頭開始車縫至下方0.7cm止點）。

♥ 表裡袋組合

31 車縫底角。

32 同步驟28～31完成袋身裡布的另一側。

33 將裡袋翻至正面後套入表袋，與表袋正面相對車縫袋口一圈。

34 由返口翻至正面後，將表布向裡布延伸2.5cm後車壓一圈裝飾線。

35 分別將四個角的袋身與側邊抓起車縫1cm固定(此步驟可不做)。

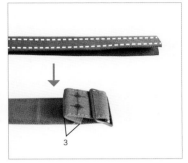

36 將揹帶四摺車縫兩長邊固定，如圖套入日型環後向內摺3cm，並於畫出的位置安裝固定釦。

37 如圖穿入兩側的口型環。

38 再如圖穿入日型環。

39 穿入另一邊的口型環後再二摺3cm後安裝固定釦固定。

40 以藏針縫將返口縫合即完成。

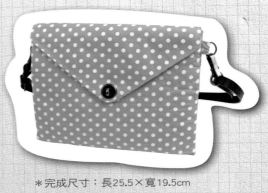

❤ Handmade Bag

12 雙層信封包

紙型B面 信封造型×雙層包×好收納

＊完成尺寸：長25.5×寬19.5cm

❤ 裁布表　單位：cm

數字尺寸均已含縫份0.7cm，紙型為實版，請依標示外加縫份。

部位名稱	數　量	裁布尺寸	燙　襯	配　件
袋　身	表布×4（A×2、B×2）	→27×21	厚襯×4（25.5×19.5）	18mm拉鍊1條
	裡布×4（A×2、B×2）	→27×21	薄襯×4（25.5×19.5）	轉鎖釦1組
袋　蓋	表布×1	依紙型 **12-1**（外加縫份 0.7）	厚襯×1（同紙型 **12-1**）	20mmD型環2個
	裡布×1	依紙型 **12-1**（外加縫份 0.7）	厚襯×1（同紙型 **12-1**）	活動揹帶一組
拉鍊口袋	1	→23×19	薄襯×1（→23×19）	
貼式口袋	2	→23×20		
掛　耳	2	→5×7.5		

❤ 袋蓋

袋蓋表布(反)

1 袋蓋表布與裡布正面相對，如圖車縫。

袋蓋表布(正)

2 翻至正面後車壓裝飾線。

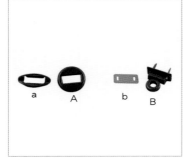

a　A　b　B

3 準備轉鎖釦一組。

④ 如圖先畫出欲剪下的部分。

⑤ 將畫出的矩形剪掉。

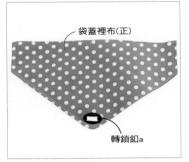

袋蓋裡布(正)

轉鎖釦a

⑥ 先由袋蓋表布面放入轉鎖釦A，再如圖於袋蓋裡布面套入轉鎖釦a。

♥口袋及掛耳

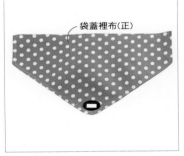

袋蓋裡布(正)

⑦ 將轉鎖釦A的兩腳向外壓摺。

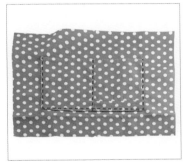

⑧ 將兩片貼式口袋分別製作完成後，分別車縫固定於袋身裡布A和B上。

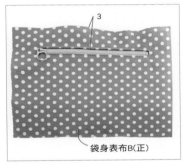

3

袋身表布B(正)

⑨ 在一片袋身表布B上完成一字拉鍊口袋。

⑩ 將掛耳布4摺後車縫二端。

袋身表布A

1

⑪ 掛耳對摺套入20mm的D型環後，如圖分別車縫於袋身表布A和步驟9的袋身表布B上。

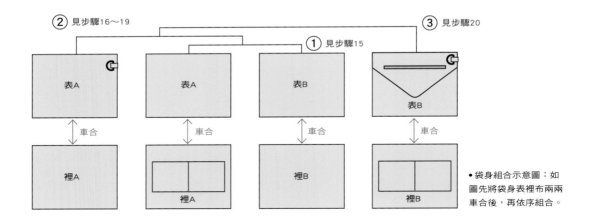

② 見步驟16～19　　　　　　　　　　　① 見步驟15　　　　　　③ 見步驟20

表A　　　　表A　　　　表B　　　　表B

↕車合　　↕車合　　↕車合　　↕車合

裡A　　　裡A　　　裡B　　　裡B

• 袋身組合示意圖：如
圖先將袋身表裡布兩兩
車合後，再依序組合。

♥ 袋身組合

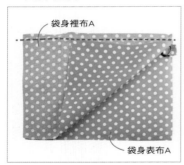

袋身裡布A

袋身表布A

12 將袋身表、裡布A正面相對於
上方車縫一直線，共做2組。

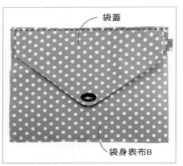

袋蓋

袋身表布B

13 將袋蓋裡布面與步驟9完成的
袋身表布B正面相對後車縫固
定。

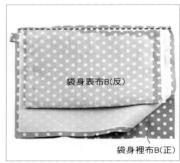

袋身表布B（反）

袋身裡布B（正）

14 同步驟12完成袋身表布B與袋
身裡布B的車縫，共做2組。

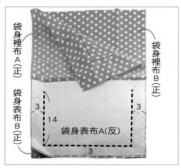

袋身裡布
A（正）

袋身表布
B（正）

袋身裡布B（正）

3　　　3

14

袋身表布A（反）

3

15 將沒有掛耳的「袋身表布A」
和「袋身表布B」正面相對（此
時表A和表B、裡A和裡B正面
相對），如圖車縫U字型。

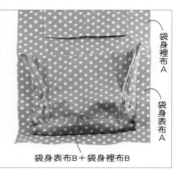

袋身裡布A

袋身
表布
A

袋身表布B＋袋身裡布B

16 將「袋身表布B＋袋身裡布B」
如圖摺收起來。

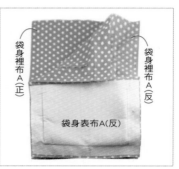

袋身裡布A

袋身裡布
A（正）

袋身裡布
A（反）

袋身表布A（反）

17 再將「有掛耳的袋身表布A」
和步驟16的袋身表布A正面相
對（此時表A和表A、裡A和裡A
正面相對）。

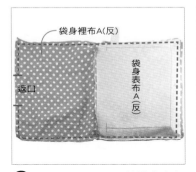

18 如圖車縫一圈，並於袋身裡布邊預留返口。

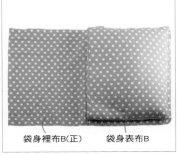

19 由返口翻至正面，攤開步驟16摺收的「袋身裡布B」和「袋身表布B」。

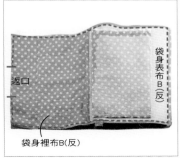

20 取步驟14完成的「袋身表布B」與步驟19的袋身表布B正面相對，同步驟18車縫一圈，並於袋身裡布預留返口。

21 由返口翻至正面後，再分別將兩個袋身的袋口處車壓一圈裝飾線。

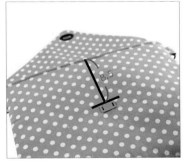

22 在袋身表布A上畫出欲安裝轉鎖釦的另一端。

23 如圖利用拆線器割開二條。

24 如圖放入轉鎖釦B。

25 再由反面套入轉鎖釦b，並將轉鎖釦B的兩腳向外壓摺。

26 最後以藏針縫或對針縫將返口縫合即完成。

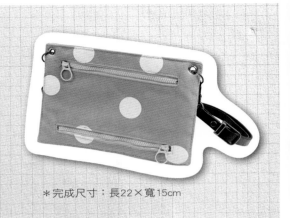

Handmade bag

13 輕巧外幣包

尺寸製圖 4個拉鍊袋×多功能收納

＊完成尺寸：長22×寬15cm

♥ 裁布表 單位：cm

數字尺寸均已含縫份0.7cm，請依尺寸裁布。

部位名稱		數　量	裁布尺寸	燙襯尺寸	配　件
袋　身	表布×2	→24×17	厚襯×2（→22×15）	7吋拉鍊4條
	裡布上×2	→24×5	厚襯×2（→22×3.5）	15mm雞眼2組
	裡布下×2	→24×13.5	薄襯×2（→22×12）	單圈2個
拉鍊口袋	4	→21×19	薄襯×4（→20×18）	現成揹帶1組

♥ 表裡袋的製作

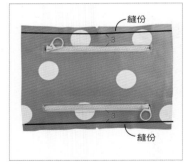

1 參考P.46在袋身表布上完成拉鍊口袋。

2 在兩片袋身表布都完成拉鍊口袋。

3 將袋身裡布上與袋身裡布下正面相對車縫。

④ 縫份導向袋身裡布下，並車壓裝飾線，即完成袋身裡布。

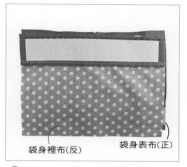

⑤ 將袋身裡布與袋身表布正面相對如圖車縫。

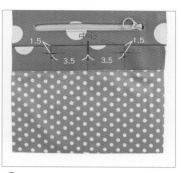

⑥ 如圖畫出欲安裝塑膠壓釦的位置。

⑦ 在袋身裡布安裝塑膠壓釦。

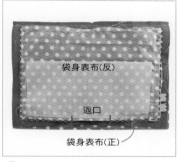

⑧ 將袋身裡布與表布正面相對，如圖車縫並預留返口。

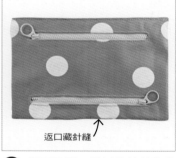

⑨ 翻至正面，並以藏針縫將返口縫合。

♥組合

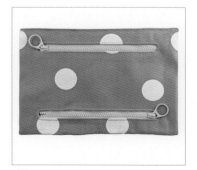

⑩ 同步驟3～9完成另一組袋身表裡布的組合。

⑪ 將完成的2組袋身重疊，使裡布面相對，先以對針縫縫合表布，再車壓裝飾線(或將兩組重疊直接車壓裝飾線)。

⑫ 安裝雞眼後套入單圈即完成。

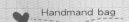

Handmand bag

14 旅行隨身包

紙型B面 隨身小包×風琴褶內袋

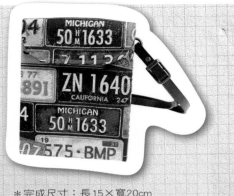

＊完成尺寸：長15×寬20cm

♥ 裁布表 單位：cm

數字尺寸均已含縫份0.7cm，紙型為實版，請依標示外加縫份。

部位名稱	數 量	裁布尺寸	燙 襯	配 件
袋 身	表布×1	依紙型 **14-1** (外加縫份0.7)	厚襯×1	18mm插入式磁釦1組
	裡布×1	依紙型 **14-1** (外加縫份0.7)	薄襯×1	20mmD型環2個 8mm固定釦2組
貼式口袋A	表布×1	→16.5×18		7cm拉鍊1條
	裡布×1	→16.5×18		
貼式口袋B	1	→16×30.5		
拉鍊口袋	1	→16.5×22		
掛 耳	2	→7.5×5		

♥ 貼式口袋B

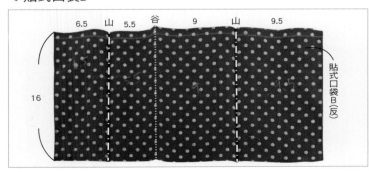

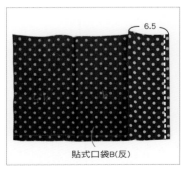

貼式口袋B(反)

1 如圖將貼式口袋B摺燙出山谷線(以正面看凸起的是山線，凹下去的是谷線)。

2 如圖摺出6.5cm的山線後車壓裝飾線。

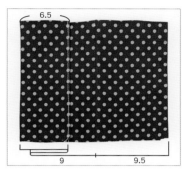

3 再摺出9cm谷線。

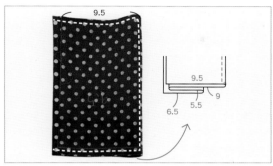

4 先將9.5cm的谷線對摺車壓裝飾線後,再如圖車縫兩邊。

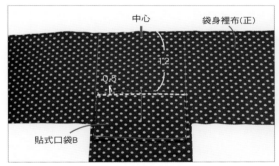

5 如圖左右置中,由上向下12cm,將貼式口袋與袋身裡布正面相對,0.5cm車縫一直線。

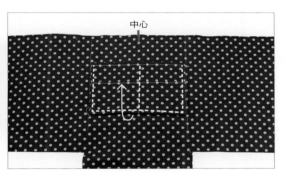

6 往上翻至正面後,ㄩ字型車縫固定,再車縫分隔線。

💛 拉鍊口袋

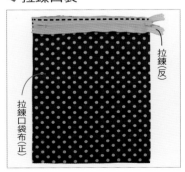

7 將拉鍊與拉鍊口袋布正面相對車縫一直線。

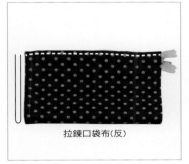

8 如圖將拉鍊口袋布的另一端往上對摺,再車縫一直線。

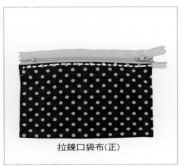

9 翻至正面車壓裝飾線。

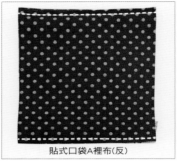

拉鍊口袋

拉鍊(反)

10.5

袋身裡布(正)

貼式口袋A裡布(反)

① 由上向下10.5cm，將拉鍊與袋身裡布正面相對車縫一直線。

拉鍊口袋

袋身裡布(正)

⑪ 如圖將拉鍊口袋往下翻後，車縫凵字型固定。

⑫ 將貼式口袋A的表、裡布正面相對如圖於上下各車縫一直線。

袋身表布(正)

貼式口袋A

⑬ 將貼式口袋A翻至正面後在上方車壓裝飾線後。

⑭ 如圖將貼式口袋A置於袋身表布上，並做凵字形車縫。

袋身表布(反)

⑮ 將袋身表布與袋身裡布正面相對車縫一圈，並如圖於一側邊預留返口，再將多餘的拉鍊修剪掉。

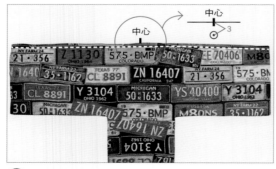

中心

中心

3

⑯ 由返口翻至正面後整燙，再於上方車壓裝飾線，並如圖於袋身表布上安裝磁釦。

中心

1.5

⑰ 如圖於冂字型車壓裝飾線，再於袋身裡布安裝磁釦。

18 如圖對摺，並於15cm處車縫一直線。

袋身表布(正)

袋身裡布(正)

19 如圖擺放(袋身裡布朝上，袋身表布朝左)如圖車縫一道7.5cm的直線。

20 如圖將布料翻至右邊，車縫7.5長的一直線。

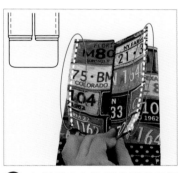

21 如圖摺出山線(綠色圈起來部分)，並車壓裝飾線。

22 依紙型摺線位置將袋身如圖摺好，將布邊(△部分)以手縫(藏針縫)或直接車縫固定。

23 將掛耳布四摺後車縫兩長邊。

24 套入D型環後三摺，並以固定釦固定於袋身上即完成。

Handmade bag

15 休閒外出包

尺寸製圖 拼接袋身×打角×實用包

＊完成尺寸：長30.5×寬10×高18cm

♥ 裁布表　單位：cm

數字尺寸均已含縫份0.7cm，請依尺寸裁布。

部位名稱	數　量	裁布尺寸	配　件
袋　身	表布前上(白底帆船厚棉)×1	→32×14	26cm拉鍊1條
	表布後上(紅底帆布)×1	→32×14	皮片2組(含固定釦4組、D型環2個)
	表布下(紅底帆布)×1	→32×24	現成揹帶1組
	裡布×2	→32×24.5	7吋拉鍊1條
拉鍊口袋	1	→20×27	
貼式口袋	1	→20×25	

♥ 製作方法

1 分別將袋身「表布前上」＋「表布下」＋「表布後上」拼接成一片。

2 翻至正面後於「袋身表布下」車壓裝飾線。

3 另一邊於「袋身表布下」車壓裝飾線，並於「袋身表布後上」完成拉鍊口袋。

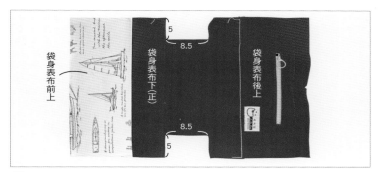

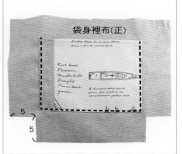

④ 如圖於「袋身表布下」剪出底角。

⑤ 於袋身裡布剪出底角,並完成貼式口袋。

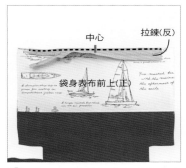

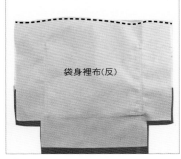

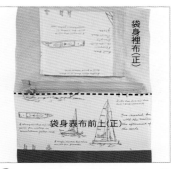

⑥ 將26cm拉鍊置中與「袋身表布前上」正面相對如圖車縫一直線。

⑦ 再放上袋身裡布,使袋身裡布與表布正相對(夾車拉鍊),並車縫一直線固定。

⑧ 如圖將袋身裡布往上翻,縫份導向袋身表布,並車壓裝飾線。

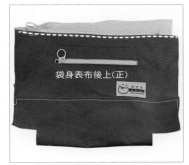

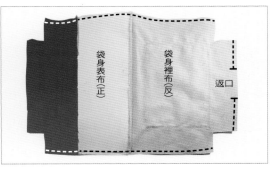

⑨ 同步驟6～8在拉鍊的另一邊完成袋身表、裡布夾層拉鍊。

⑩ 如圖使袋身表布正面相對、裡布正面相對,車縫兩側邊及底部,並於袋身裡布的底部預留返口。

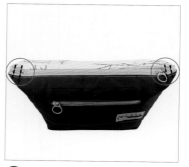

袋身表布(反)

袋身裡布(反)

11 車縫袋身表布兩側的底角。

12 車縫袋身裡布兩側底角,並由返口翻至正面,再以藏針縫將返口縫合即完成。

13 翻正面,再如圖車縫固定。

14 將皮片套入D型環並安裝固定釦後即完成。

Handmade bag

16秒收化妝包

紙型B面 束口包×快速打包×化妝品收納

＊完成尺寸：長15.5×寬15.5×高23cm

♥ **裁布表** 單位：cm

數字尺寸均已含縫份0.7cm，紙型為實版，請依標示外加縫份。

部位名稱	數量	裁布尺寸	燙襯	配件
袋身	表布×1	→51.5×24.5	厚襯×1、鋪棉×1（→50×23）	
	裡布×1	→51.5×24.5		
袋底	表布×1	依紙型 16-1（外加縫份0.7）	厚襯×1、鋪棉×1（同紙型 16-1）	
	裡布×1	依紙型 16-1（外加縫份0.7）		
束口布	表布×1	→51.5×5		棉繩60cm、繩釦1個
鬆緊口袋	裡布×1	→53×24		3分鬆緊帶41cm

♥ **鬆緊口袋的製作**

1 將鬆緊口袋布對摺，如圖車縫長邊。

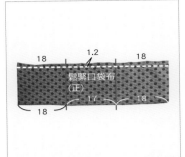

2 翻至正面後於上方距邊1.2cm壓線，並以消失筆先做出記號。

3 將鬆緊帶穿入，並於布邊的兩端車縫固定。

④ 如圖將鬆緊口袋車縫固定於袋身裡布上。

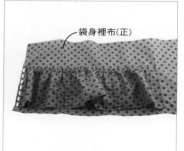

⑤ 如圖再將鬆緊口袋的另一短邊車縫固定於袋身裡布的布邊。

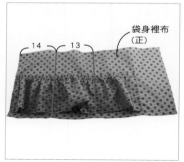

⑥ 於袋身裡布上做出記號，並與步驟2的記號對應後，先以珠針固定。

♥ 裡袋的組合

⑦ 先將底部如圖平均打褶後，再將鬆緊口袋與袋身裡布車縫固定分成三個隔層。

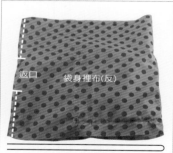

⑧ 將袋身裡布側邊對摺車縫，並預留返口。

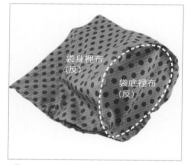

⑨ 將袋身裡布與袋底裡布正面相對車縫一圈。

♥ 表袋的組合

⑩ 將袋身表布側邊對摺車縫。

⑪ 將袋身表布與袋底表布正面相對車縫一圈。

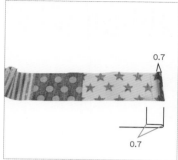

⑫ 將束口布兩短邊向內摺燙0.7cm。

♥ 表裡袋的組合

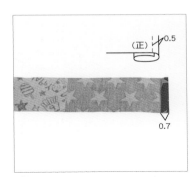

（正）0.5

0.7

13 再摺燙0.7cm（共二次），並於正面車縫0.5cm固定。

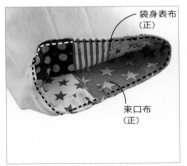

袋身表布（正）

束口布（正）

14 將束口布長邊對摺車縫固定於袋身表布上。

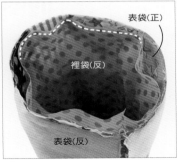

表袋（正）

裡袋（反）

表袋（反）

15 將裡袋翻至正面後套入表袋，表、裡袋正面相對車縫袋口一圈。

16 由返口翻至正面後整燙，並於袋口壓線一圈。

17 將棉繩穿入束口布。

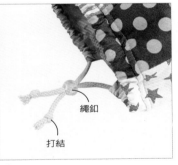

繩釦

打結

18 套入繩釦並打結，再以藏針縫或對針縫將返口縫合。

17 時尚後揹包

紙型A面 簡約造型×防潑水×拉鍊夾層

＊完成尺寸：長27×高30×寬10cm

♥ 裁布表 單位：cm

數字尺寸均已含縫份0.7cm，紙型為實版，請依標示外加縫份。

部位名稱	裁布尺寸	數量	燙襯	配件
袋身前片	依紙型 **17-1**（外加縫份0.7）	表布×1	厚襯×1（同紙型 **17-1**）	
		裡布×1	薄襯×1（同紙型 **17-1**）	
袋身後片	依紙型 **17-2**（外加縫份0.7）	表布×1	厚襯×1（同紙型 **17-2**）	40cm長拉鍊
		裡布×1	薄襯×1（同紙型 **17-2**）	18mm磁釦1組
袋蓋	依紙型 **17-3**（外加縫份0.7）	表布×1	厚襯×1（同紙型 **17-3**）	
		裡布×1	薄襯×1（同紙型 **17-3**）	
貼式口袋	→15×14	1		
拉鍊口袋	→20×30	1	薄襯×1（→18×30）	7吋拉鍊
揹帶A	→2.5cm×22cm	織帶×1		
揹帶B	→2.5cm×30cm	織帶×1		
揹帶C	→2.5cm×97cm	織帶×2		2.5cm日型環2個
揹帶D	→2.5cm×12cm	織帶×2		2.5cm口型環2個

♥ 袋蓋的製作

1 將袋蓋表、裡布正面相對如圖車縫。

2 翻至正面後車壓裝飾線。

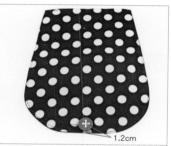

3 於袋蓋裡布安裝磁釦。

♥ 揹帶的製作

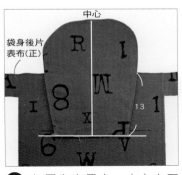

4 如圖左右置中，由上向下13cm，將袋蓋車縫固定於袋身後片表布上。

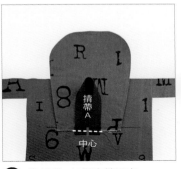

5 將揹帶A如圖車縫固定。

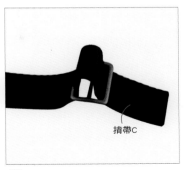

6 將揹帶C如圖套入日型環。

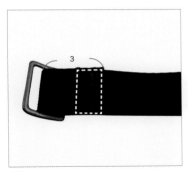

7 揹帶向內摺3cm後車縫固定。

8 另一頭如圖套入口型環。

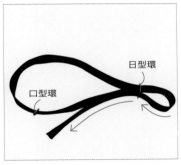

9 再如圖將另一端套入日型環，共做2條。

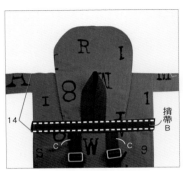

10 先將步驟9的揹帶C如圖擺放（可先車縫固定），再放上揹帶B，並車縫固定。

11 將揹帶D套入揹帶C的口型環後車縫固定於袋身後片表布。

♥ 裡口袋的製作

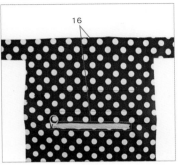

12 於袋身後片裡布完成拉鍊口袋。

♥ 表裡袋的組合

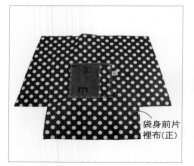

13 於袋身前片裡布完成貼式口袋。

14 將拉鍊與袋身後片表布正面相對車縫固定。

15 再放上袋身後片裡布，使袋身後片表、裡布正面相對夾車拉鍊。

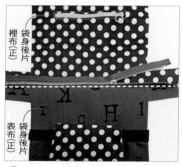

16 將袋身後片裡布往上翻，縫份導向袋身後片表布，並車壓裝飾線。

17 同步驟14～16在拉鍊另一邊完成袋身前片表、裡布夾車拉鍊。

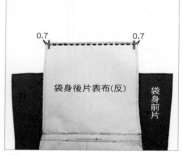

18 如圖由0.7起點車縫至0.7止點，將袋身前、後片表布底部車合。

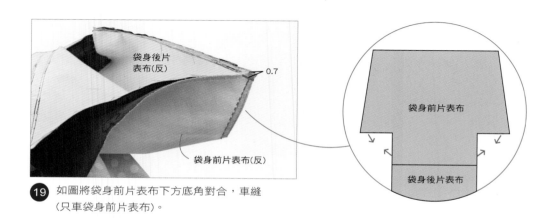

19 如圖將袋身前片表布下方底角對合，車縫（只車袋身前片表布）。

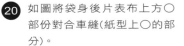

20 如圖將袋身後片表布上方○部份對合車縫(紙型上○的部分)。

21 再對合△部份,並車縫。

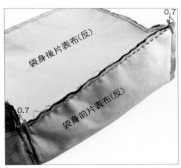

22 如圖將袋身前後片表布正面相對,0.7cm車至0.7cm止點。

23 同步驟18～22完成袋身前、後片裡布的組合,並於底部預留返口。

24 於袋身前片表布(左右中心,由上向下6cm為中心,安裝磁釦)並將返口以藏針縫縫合即完成。

Copy Right

超實用的機縫提包小物

作　　者　黃思靜

發 行 人　羅東釗

主　　編　張惠如

文字編輯　張惠如 余孟書

美術編輯　余孟書

助理美編　任懋琦

出 版 者　藝風堂出版社

　　　　　行政院新聞局出版事業登記證

　　　　　局版臺業字第2940號

地　　址　台北市大安區泰順街44巷9號

網　　址　www.yftpublisher.com

電子信箱　yft@ms25.hinet.net

部 落 格　http://blog.xuite.net/yftpublisher

電　　話　（02）23632535

傳　　真　（02）23622940

郵撥帳號　1265604-7號　藝風堂出版社

製　　版　采硯創意有限公司

印　　刷　大勵彩色印刷股份有限公司

出　　版　西元2016年4月初版

定　　價　350元

國家圖書館出版品預行編目（CIP）資料

超實用的機縫提包小物 / 黃思靜作． -- 初版． --

　　臺北市 ： 藝風堂，2016. 04

　　　面 ； 　公分

　　ISBN 978-986-6524-95-0(平裝)

　　1. 縫紉　2. 手工藝

426.3　　　　　　　　　　　　　105006080